儿童版

垃圾分类知识读本

主编：郑中原　刘　源

漫画：郑中原

人民交通出版社股份有限公司

China Communications Press Co.,Ltd.

图书在版编目（CIP）数据

垃圾分类知识读本：儿童版 / 郑中原，刘源主编
. -- 北京：人民交通出版社股份有限公司，2019.4
ISBN 978-7-114-15454-6

Ⅰ．①垃…　Ⅱ．①郑…　②刘…　Ⅲ．①垃圾处理—儿
童读物　Ⅳ．①X705-49

中国版本图书馆 CIP 数据核字（2019）第 063794 号

Laji Fenlei Zhishi Duben (Ertongban)

书　　名：垃圾分类知识读本（儿童版）
著 作 者：郑中原　刘　源
漫　　画：郑中原
责任编辑：郭红蕊　张征宇
责任校对：尹　静
责任印制：张　凯
出版发行：人民交通出版社股份有限公司
地　　址：(100011) 北京市朝阳区安定门外外馆斜街 3 号
网　　址：http://www.ccpress.com.cn
销售电话：(010)59757973
总 经 销：人民交通出版社股份有限公司发行部
印　　刷：北京盛通印刷股份有限公司
开　　本：720×980　1/16
印　　张：3.5
字　　数：40 千
版　　次：2019 年 4 月　第 1 版
印　　次：2019 年 7 月　第 2 次印刷
书　　号：ISBN 978-7-114-15454-6
定　　价：25.00 元

我 想 对 你 说

我们都不喜欢垃圾，可每天又不得不跟垃圾打交道，因为每个人的日常生活都会或多或少地产生垃圾。就这样日复一日，随着垃圾产量越来越大，处理起来也越发困难，于是很多地方出现了"垃圾场""垃圾山"甚至"垃圾围城"的情况，确实让人既厌恶又头疼……

俗话说得好：解铃还须系铃人。既然是我们自己制造的垃圾，我们就有责任动起手来，好好处理。无论是合理减少垃圾还是科学处置垃圾，真的都是人人有责啊！那么我们该如何采取行动呢？专业垃圾处理距离同学们的学习和生活还有些遥远，不过我们可以从日常生活中入手，做好垃圾分类就是帮助垃圾专业处理设施提升垃圾处理效率的好办法，而且通过我们平时培养的良好生活习惯就可以实现，何乐而不为呢？

本书将用浅显易懂的语言和生动活泼的形式，为小朋友们介绍垃圾分类的重要性及其相关知识点。除了帮助大家充分认识垃圾分类对于环境保护的重要意义之外，本书设计的贴纸小游戏和动画短片也可谓妙趣横生，旨在为小朋友们提供一本寓教于乐的高品质知识读本。

让我们行动起来，从身边的每一件小事、每一处细节做起，争当环保小卫士！

作 者

2019年4月

mù lù

目录

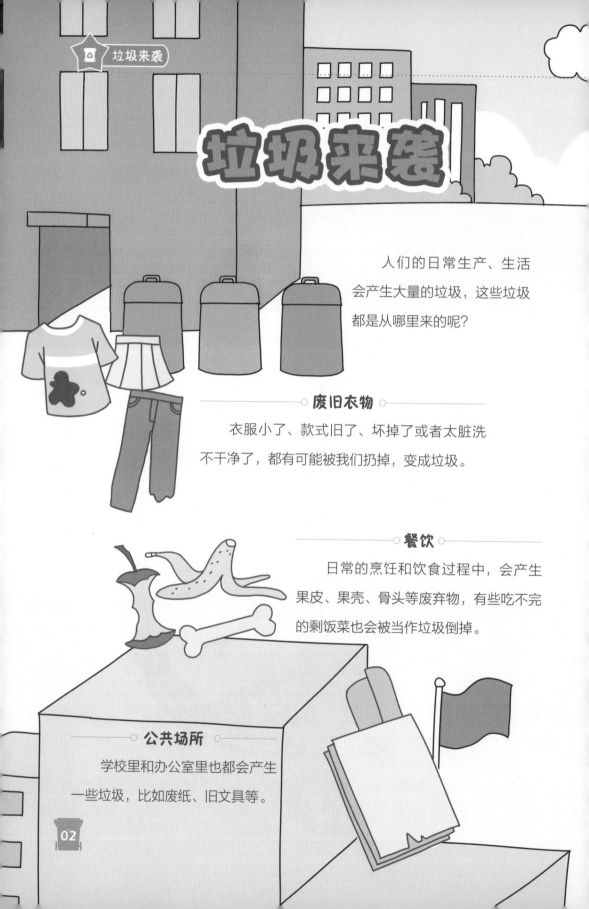

垃圾来袭

人们的日常生产、生活会产生大量的垃圾，这些垃圾都是从哪里来的呢？

○ 废旧衣物 ○

衣服小了、款式旧了、坏掉了或者太脏洗不干净了，都有可能被我们扔掉，变成垃圾。

○ 餐饮 ○

日常的烹饪和饮食过程中，会产生果皮、果壳、骨头等废弃物，有些吃不完的剩饭菜也会被当作垃圾倒掉。

○ 公共场所 ○

学校里和办公室里也都会产生一些垃圾，比如废纸、旧文具等。

◇ 工业废物 ◇

工厂也会产生很多垃圾，比如化学残渣、废弃金属碎屑、塑料废弃物等。

◇ 包装 ◇

爸爸妈妈收快递的时候总会产生废弃的包装盒，商场、超市里的商品也大都有着各种材料的外包装。

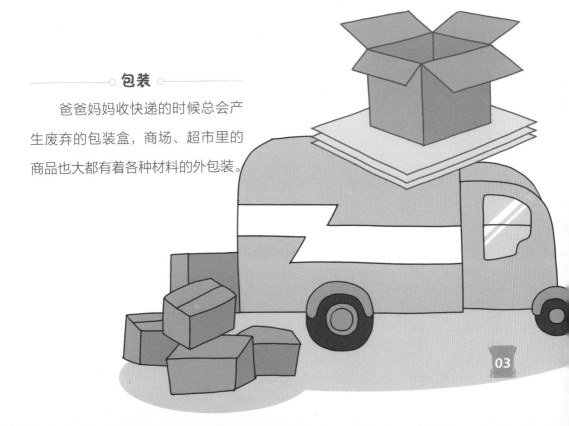

哇哦！原来这么多地方会产生垃圾呢！

可回收物
Recyclable

其他垃圾
Other Waste

厨余垃圾
Kitchen Waste

想象一下，如果我们不想个好办法把这些垃圾减少或者处理掉，那我们会面临什么情况呢？

哎呀！
太脏了，别追我！

蚊蝇滋生、老鼠横行……污染甚至疾病正在朝我们逼近！

又脏又乱、臭气熏天……成堆的垃圾让人捂起鼻子绕着走！

降解困难、有毒有害……垃圾处理工作的压力越来越大！

太可怕了！再这样下去，垃圾就会毁掉我们的美好生活！我们才不要生活在这样的环境里！

垃圾问题还真是麻烦，
该怎么办呢？

从现在开始
从点滴开始
动起手来
保卫家园吧！

扫猫二维码，关注地球环境！

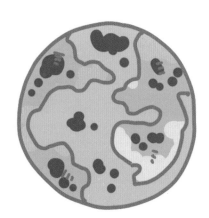

保卫家园

为了不让垃圾危害到我们的生活
环境，科学家们想出了一些办法。

填埋处理

人们每天的日常生活都会产生大量的垃圾，这些垃圾多数会被运到远郊或乡村专门开辟的垃圾填埋场进行处理。

填埋处理的大致方法是：先在地上挖出一个个大坑，然后把适合填埋的垃圾倾倒进去，再用土覆盖好。

覆土

沼气收集

这样，经过一段时间，垃圾中的有机物（例如菜叶、果皮等）以及容易降解的物质就会腐烂、消解，垃圾就这样被逐渐消灭了。

渗滤液收集处理

焚烧处理

还有许多垃圾（例如纸张、木头等）是可以进行焚烧处理的，这些垃圾运到垃圾处理厂后，会被倒进一种特殊的大炉子里面烧掉。

垃圾吊车

垃圾池

焚烧炉

净化过滤

渗滤液处理池

达标排放

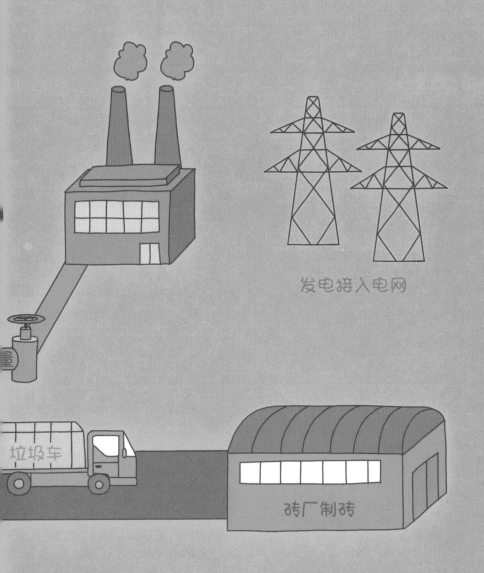

发电接入电网

垃圾车

砖厂制砖

　　垃圾燃烧时产生的能量可以用来发电或者供热，而且经过焚烧后的垃圾只剩下一点点灰烬，一下子就把垃圾消灭了。

堆肥处理

厨余垃圾看似无用，但其实是可以通过科学方法，转化成能源和肥料的，这种方法就叫作堆肥处理。

有机物

预处理

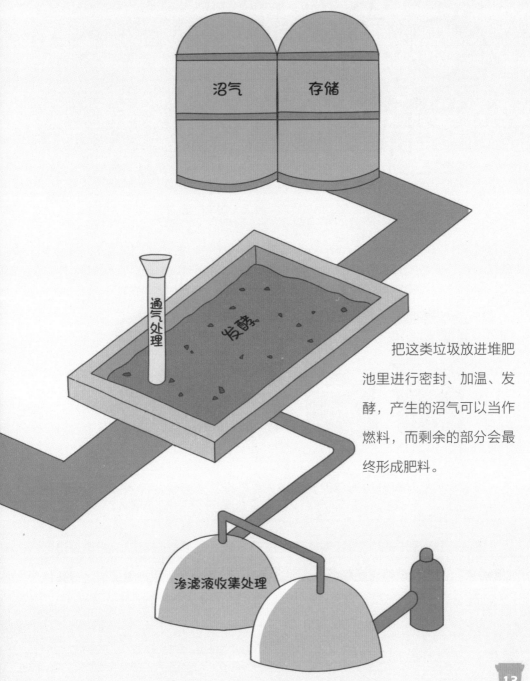

沼气

存储

通气处理

发酵

渗滤液收集处理

把这类垃圾放进堆肥池里进行密封、加温、发酵,产生的沼气可以当作燃料,而剩余的部分会最终形成肥料。

这些办法都可以消灭垃圾，但是还有一个不好解决的问题，就连科学家也需要大家一起来帮忙，那就是垃圾分类。

厨余垃圾 Kitchen Waste　　可回收物 Recyclable　　有害垃圾 Harmful Waste　　其他垃圾 Other Waste

　　如果我们把没有分类的垃圾直接送去垃圾场，就会使各种各样、不同特性的垃圾混杂在一起。这样一来，就连科学家们也感到很为难啊。

　　所以，我们在扔垃圾的时候就要为爱护环境、保卫家园着想，把垃圾进行准确分类，并告诉爸爸妈妈和身边其他人也进行垃圾分类。快来做保护地球环境的小卫士吧！

各就各位

厨余垃圾
Kitchen Waste

可回收物
Recyclable

有害垃圾
Harmful Waste

其他垃圾
Other Waste

目前，北京市实行的垃圾分类规范将垃圾分为四大类，分别是：厨余垃圾、可回收物、有害垃圾、其他垃圾。北京市环卫部门用四种颜色的垃圾桶来区分这四类垃圾。

易腐垃圾归我管！

放我这的还能改造哦！

厨余垃圾
Kitchen Waste

可回收物
Recyclable

绿色垃圾桶

盛放平时生活中最为常见的厨余垃圾。

蓝色垃圾桶

盛放具有回收再利用价值的废旧物品。

专收那些不好治理的垃圾！

哎呀，他们不管的都归我！

有害垃圾
Harmful Waste

其他垃圾
Other Waste

红色垃圾桶

盛放药品和化妆品等有毒有害垃圾。

灰色垃圾桶

盛放砖瓦、陶瓷、灰土等其他垃圾。

厨余垃圾 · 绿色"伙伴"

　　这类垃圾是由人们日常的餐饮活动制造的，是我们生活中如影随形的"伙伴"，比如剩饭剩菜、蛋壳、果壳、果皮、鱼刺等。由于这类垃圾比较容易发酵和分解，所以是堆肥处理的好原料。

　　但要注意的一点是，各种材料的食品包装以及大棒骨不属于厨余垃圾，要根据其具体材质归入可回收物或其他垃圾中哦！

糟糕，被扔下了

我们要一起去垃圾堆肥场喽！

等等我啊，我也要去堆肥场！

不行哦，你不应该上这辆车。

大棒骨也是从厨房里来的，为什么不让它上车呢？

大棒骨和你们还是不太一样的，它其实是很难分解的。

那没办法喽，你只能去其他地方啦……

可回收物·蓝色"资源"

生活垃圾中有不少是具有回收再利用价值的，例如塑料、金属、玻璃、书报纸张、织物等。这些物品经过特殊处理之后就会摇身一变，再度成为我们生活中的有用资源。

你知道吗？垃圾回收再利用之后竟会有这么大的价值！

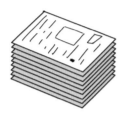 每 1 吨废纸  可造纸 800 公斤，相当于少砍伐树龄为 30 年的大树 10 余棵

 每 1 吨废旧钢铁  可炼钢 900 公斤，相当于节约 3 吨铁矿石

 每 1 吨废旧塑料  可制造出 600 公斤燃油

 每 1 吨废玻璃  可生产出篮球场面积大小的玻璃板

 每 1 吨易拉罐  可还原成同等重量的铝材，相当于节约了 20 吨铝矿石

啊哦，又被嫌弃了

等等我啊！

这辆车你还是不能坐。

为什么啊？它们不是和我一样硬邦邦的不容易降解吗？

不要小瞧我们哦，我们回收再利用价值可大啦！

是啊，它们摇身一变，就能再次成为有用的、崭新的东西啦！但是你不行啊。

好吧，又被嫌弃了……我继续等。

有害垃圾·红色"警戒"

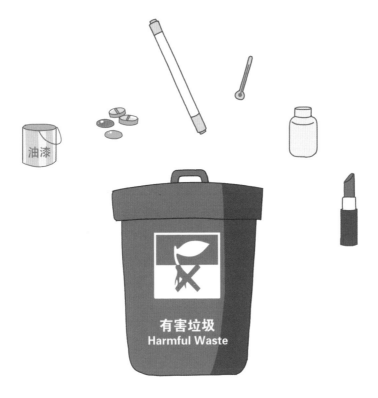

  这类垃圾是垃圾中最危险的角色，因为它们包含有毒有害物质，随意丢弃的话会给环境带来极大危害。有害垃圾主要包括：荧光灯管、水银温度计、药品和化妆品等，这些垃圾会污染水源和土壤。

  所以，我们要把这类垃圾准确分类，交给危险废弃物处置单位进行处理，提取其中的有用物质，重新加工利用。这样做不但避免了污染，而且能开发出很大的价值呢。

原来我们这么特殊

它们都走了，为什么没人来带我们走啊？！

油漆桶、药品、化妆品……你们不要乱跑，必须来坐这辆车啊！

为什么要对我们进行特殊对待啊？

因为你们含有一些有害物质，随意丢弃会破坏环境、危害健康的。

哦，原来是这样……看来为了环保和卫生，我们还是坐这辆车吧。

其他垃圾·灰色"杂货"

　　不包括在前面三大类中的垃圾，绝大部分都可以归属为其他垃圾，例如灰土、陶瓷、烟头、大棒骨等。这些垃圾也许不会对环境造成直接的、严重的污染，但由于它们难以自然降解、易随风飘散、没有特定的再利用价值等原因，大都需要进行填埋或焚烧处理。

终于上车了

这辆车我可不可以上了呢?

大棒骨,上车吧,这辆车你可以坐啦!

对啊,你和我们是一类的,坐这辆车才合适。

太好了!终于找到我的归宿了!

你们虽然属于同一类,但去处有可能不一样哦,填埋、焚烧都是可能的处理方式。

原来垃圾分类有这么多学问呢,大家一定要认真学习啊!

行动起来

　　为了减少垃圾的产生，聪明的人们想了一些变废为宝的好办法，咱们一起来看看都有哪些妙招。如果你也觉得这些妙招很棒，就让爸爸妈妈和你一起行动起来，成为环保家庭吧！

当每种垃圾都通过准确分类"各就各位"之后，就可以更加科学、高效地进行处理啦！当然，除了要认真做好垃圾分类之外，充分开动我们的脑筋和双手进行"垃圾减量"也是非常重要的！

1 自备布袋重复用

购物时自备布袋，少买、少用塑料购物袋可以有效减少垃圾产量。

2 过度包装要少买

　　尽量多选择包装简洁的商品，避免过度的包装以及不必要的
材料产生更多垃圾。

3 材料选择很重要

尽量多选择采用可降解、可再生材料制作的物品。

可降解

指比较容易在自然环境中分解的物质，比如食物、纸张以及具有可降解特性的人造材料等。

我们日常吃的食物，在自然界中会很快腐烂、分解。

我们使用的各类纸张基本都是由植物制造的，也比较容易降解。

传统的塑料制品很难降解，但新材料就非常环保啦，比如用淀粉制造的容器就很好降解。

可再生

指经过回收加工可以"焕然一新"的旧材料，比如金属、玻璃、塑料等。

废旧金属回收之后，可以通过再生手段制造出崭新的物品。

废旧玻璃的再生利用价值也比较高。

大多数塑料制品难以降解，但却可以制造再生塑料，所以不要乱扔塑料，而要注意回收。

4 旧物改造真节约

充分动脑、动手，想办法将可以利用的废物改造成生活小工具。

变废为宝小手工

✂ 废旧纸箱、纸板打造小鞋柜

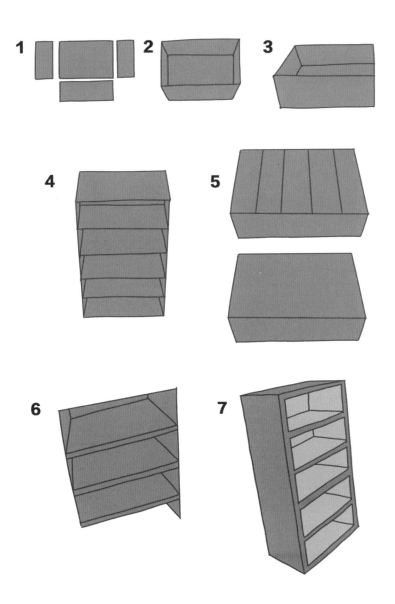

✂ 金属瓶盖、木板制作鱼鳞刷

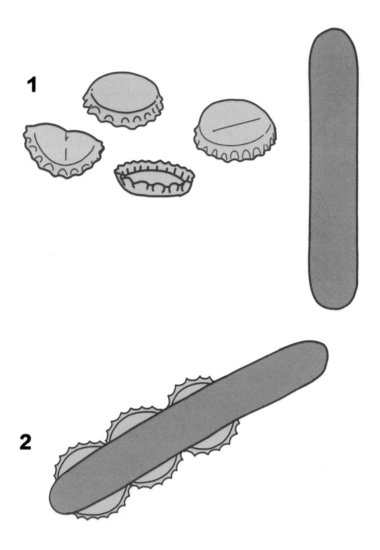

✂ 旧雨伞制作防水收纳袋

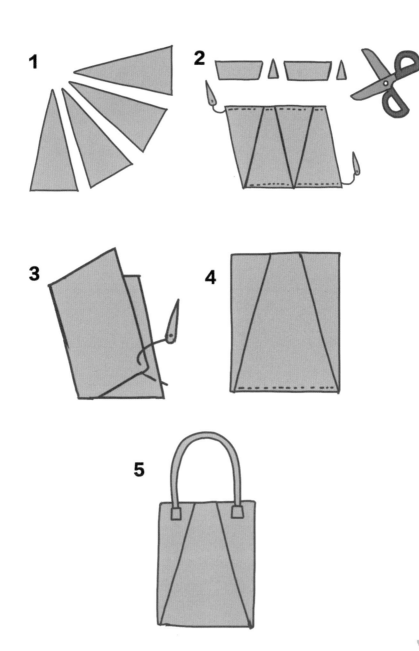

✂ 旧瓶罐制作笔筒或筷笼

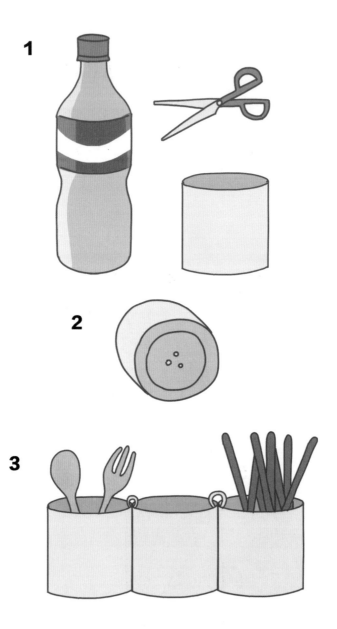

✂ 易拉罐妙用多

✂ 塑料瓶子种豆芽

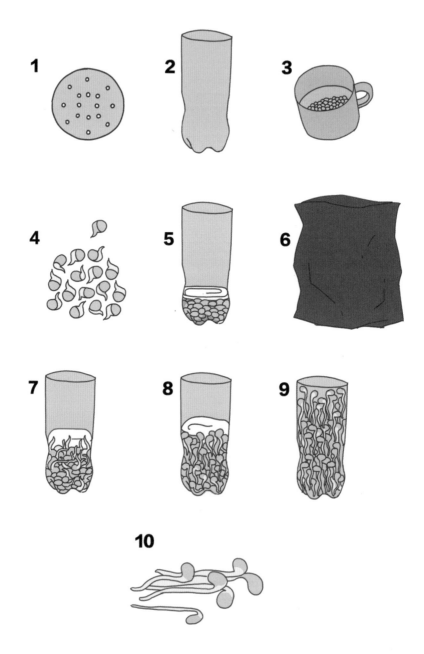

✂ 旧衣服制作创意手提袋

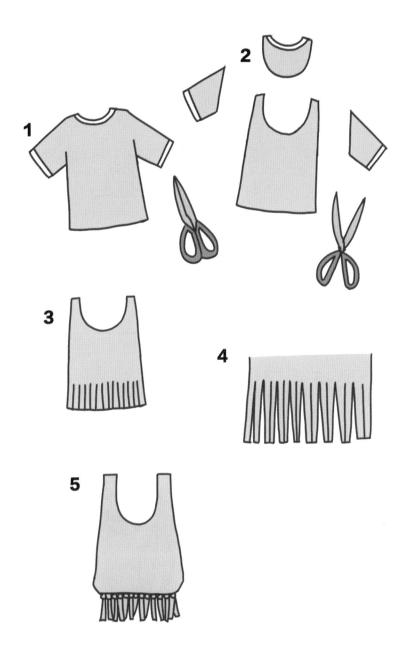

✂ 塑料瓶变身手机充电座

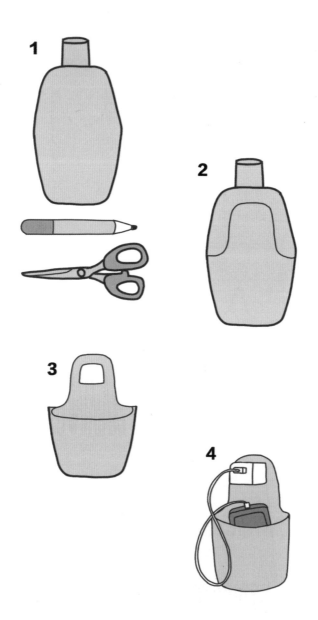

✂ 饮料瓶巧变密封环

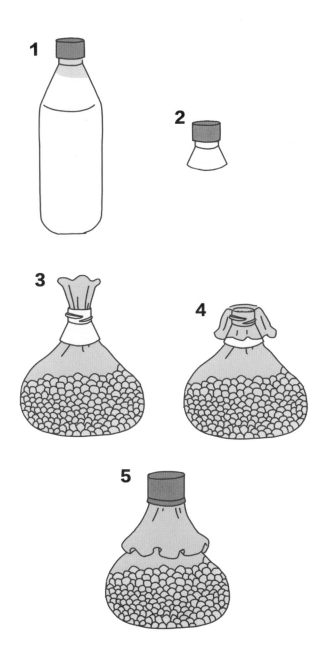

✂ 独具创意的墙壁收纳桶

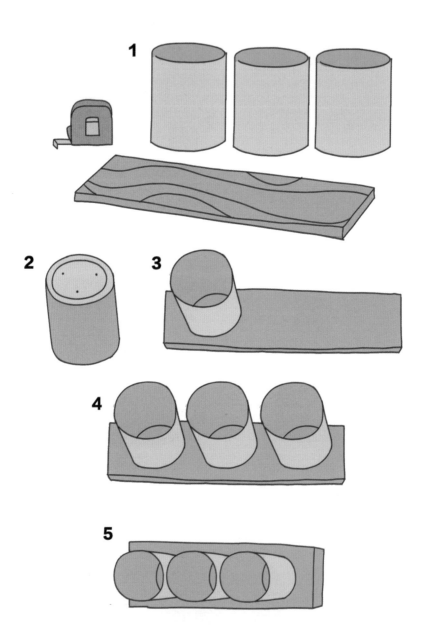

先进经验

日本

　　我们的邻居日本是特别注重垃圾分类的国家。日本的小朋友们从幼儿园开始就要接受系统而严格的垃圾分类训练，所以他们从小时候起就能熟练地将生活垃圾进行分类，而且会在指定的日期、时间将打包好的垃圾放到指定位置，因为一旦错过就会被拒收哦，只能等下次啦……从小就养成这么好的习惯，难怪日本的环境卫生保持得特别好！

瑞士

瑞士小朋友的垃圾分类技能也很厉害,他们擅长给垃圾编号。

例如:

1. 厨余垃圾;

2. 不可回收垃圾;

3. 纸类垃圾;

4. 旧电器;

5. 旧家具;

6. 金属罐;

7. 玻璃制品;

8. 陶瓷制品;

9. 旧衣服鞋帽;

10. 旧电池;

11. 药品;

......

而且瑞士的垃圾袋是要花钱购买的,越大的垃圾袋价格越高,所以瑞士的小朋友们都会认真学习垃圾分类和减量知识。

美国

美国的小朋友们会在家长的指导下，按照政府发布的垃圾回收计划以及垃圾分类方法，在每周指定的垃圾收取日，把分类包装好的垃圾摆到路边，以便垃圾车收取。

除了常见的生活垃圾之外，美国小朋友不会把清洁剂、涂料、杀虫剂、灯泡和灯管、温度计、电子产品等垃圾直接放入垃圾桶，因为他们知道，这些有害垃圾必须交给指定回收点。

在英国小朋友居住的社区里，一般都有专门存放垃圾的小屋，有些高档社区的"垃圾小屋"甚至安装了密码锁，管理非常严格。

英国

而且英国小朋友从不乱扔旧家具，他们会把自家的旧家具送到慈善店，再由这些店铺低价卖给穷人，既环保又慈善，真是一举两得啊！

法国

法国小朋友的垃圾分类技能也很全面，通过家长的辅导和学校的教育，他们可以把日常生活中的垃圾细分成 20 多个门类呢！而且他们会认准不同颜色的垃圾桶再丢弃垃圾，因为如果不按规定乱扔垃圾的话，在法国可能会被罚款，严重的甚至会被判刑。

德国实行垃圾分类政策已经超过 100 年啦，学校和家庭同样会对小朋友们进行很好的垃圾分类教育。不用问，德国的小朋友肯定都是垃圾分类小能手啦！

德国

德国住宅区的分类垃圾桶由当地政府提供，居民需要根据垃圾桶的容量来缴纳费用，产生的垃圾越多，选择的垃圾桶容量自然就会越大，这样收费就越高喽。所以，德国的小朋友们特别注意学习垃圾分类和减量知识。

全球垃圾趣味大搜罗

① 垃圾博物馆

坐落于美国新泽西州，馆内的展品全都是经过卫生处理的垃圾制品。

② 垃圾游乐场

位于英国威尔士，这里的游乐设施全都是用垃圾制造的。

③ 垃圾电影院

位于英国，影院银幕是用数万块废布拼成的，就连座椅和服务员的着装都是用垃圾改造成的。

④ 垃圾雕塑园

位于德国汉堡，这座雕塑园中的雕塑作品，全都是由废弃的工业零部件打造的，构思巧妙、造型独特。

游戏time

扫猫二维码，复习垃圾分类知识！

垃圾分类贴纸秀

请将书后垃圾图案贴纸撕下，并贴到下面相应垃圾桶旁的垃圾袋里。

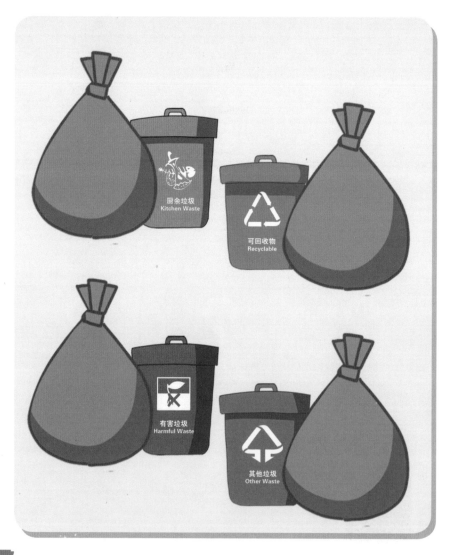

垃圾处理排顺序

垃圾处理的正确步骤是什么呢？请将书后对应颜色框内的卡通贴纸撕下，按照正确的垃圾处理顺序贴到下面相应颜色的圆圈中吧。

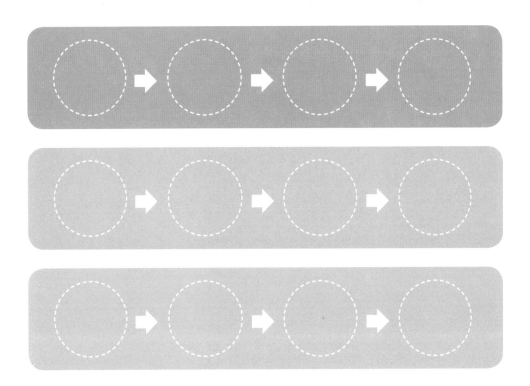

动动手，再翻一页，揭晓游戏 time 正确答案吧！

游戏 time 答案

垃圾分类贴纸秀
绿色垃圾桶：花生壳、香蕉皮、鱼刺、苹果核
蓝色垃圾桶：饮料瓶、易拉罐、废纸箱和旧衣服、螺丝钉
红色垃圾桶：水银温度计、药品、化妆品、荧光灯管
灰色垃圾桶：烟头、木板、膨化食品包装袋、陶瓷

垃圾处理排顺序
1. 苹果核→绿色垃圾桶→垃圾转运车→堆肥厂
2. 易拉罐→蓝色垃圾桶→垃圾转运车→垃圾再生工厂
3. 药品或化妆品→红色垃圾桶→垃圾转运车→焚烧厂
4. 大棒骨→灰色垃圾桶→垃圾转运车→填埋场

垃圾分类贴纸秀

垃圾处理排顺序

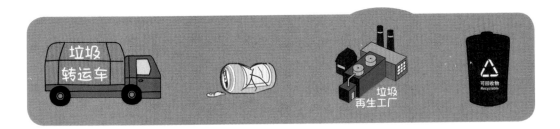